ジャガイモ・サツマイモの そだて方カレンダー

ジャガイモは、春から夏前、夏から冬のように、
1年間に2回そだてられる時期があります。
サツマイモは、春からそだてて秋にしゅうかくします。

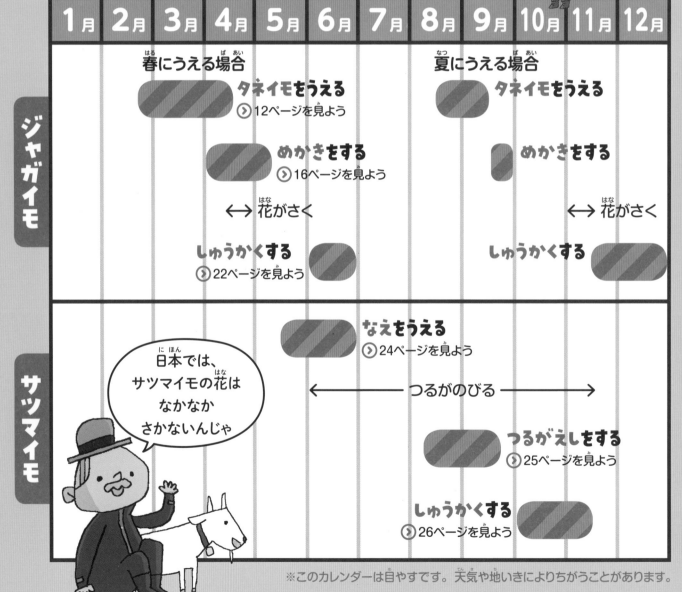

※このカレンダーは自やすです。天気や地いきによりちがうことがあります。

毎日かんさつ！ ぐんぐんそだつ

はじめての やさいづくり

7 ジャガイモ・サツマイモをそだてよう

監修：塚越 覚
（千葉大学環境健康フィールド科学センター准教授）

毎日かんさつして、せわをしよう。
虫やかれたはっぱ、ざっ草を見つけたら、
すぐにとりのぞくのじゃ

うえてから
7週間
くらい

うえてから
11〜12週間
くらい

50〜60㎝くらい

白い花が
さいたよ！

はっぱやくきが
黄色くなったら
しゅうかくしよう

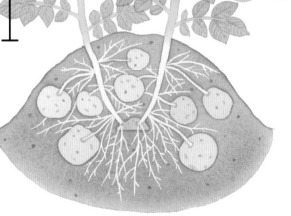

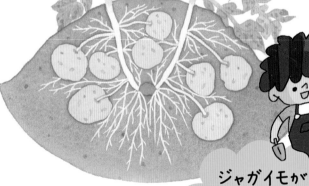

ジャガイモが
たくさんできたね！

花がさいた！
▶20ページを見よう

しゅうかくしよう
▶22ページを見よう

ジャガイモがそだつまで

どんなふうにそだつのかな？　どんなせわをするといいのかな？

スタート！
1日目（にちめ）

➡

うえてから
4〜6週間（しゅうかん）
くらい

はっぱも大きく（おお）
なったね

うえる前に（まえ）
タネイモのようすを
見てみよう（み）

めがいくつも
出てきた（で）

そだちの
わるいめをとって、
「土よせ」をしよう

30〜40cm くらい

10〜20cm くらい

はたけに
うえよう

ジャガイモが
土の外に出ないように（つち）（そと）（で）
2回目の土よせをしよう（かいめ）（つち）

タネイモを
うえよう
▶12ページを見よう（み）

めがのびてきた／めかきの仕方（しかた）／土よせの仕方（つち）（しかた）
▶16ページを見よう（み）

ジャガイモ ・サツマイモ をそだてるには、どんなじゅんびがいるのかな？

はたけのじゅんびをしよう

はたけの土をたがやして、タネイモやサツマイモのなえをうえるじゅんびをします。ジャガイモはタネイモをうえる2〜3週間前、サツマイモはなえをうえる1〜2週間前におこないます。

ジャガイモはたいらのまま、サツマイモは20〜30cmの高さにする

70cm

20〜30cm

土に、ひりょうをまぜておく

ジャガイモはタネイモ、サツマイモはなえをうえるんじゃ

タネイモ ジャガイモ

そだてるときの「たね」にするジャガイモ。

サツマイモのなえ サツマイモ

タネイモからそだてて、少しそだったもの。

もくじ

どんなせわをすれば いいのかな？

ジャガイモ・サツマイモをそだてるときにすることを
頭に入れておこう。

毎日ようすを見る

ジャガイモ サツマイモ

●虫やざっ草、かれたはっぱを見つけたら、とりのぞく

🔍 はっぱの
色がかわったり
かれたり
していない？

🔍 虫はいない？

ジャガイモや
サツマイモをはたけで
そだてるときは、
水をやらなくて
いいんだぞ

🔍 ざっ草は
はえていない？

🔍 イモが土の外に
出ていない？

土よせをする ジャガイモ

- 土をめのもとにあつめるのが「土よせ」
- めかきのときと、めかきから2週間後 くらいに、土よせをする
- ▶ 19ページを見よう

つるがえしをする サツマイモ

- つるを引っぱり、くきから出て土に はったねを切るのが「つるがえし」
- のびてきたら、つるがえしをする
- ▶ 25ページを見よう

・ねやはっぱを ふまないように、 はたけでは決まった 道を歩くのじゃ

せわをするときに気をつけること

よごれてもいい ふくをきよう

土や植物にさわるので、 よごれてしまうことがあ ります。

おわったら 手をあらおう

土がついていなくて も、せわをしたら手を よくあらいましょう。

半分に切ったタネイモを、はたけにうえます。タネ
はんぶん き
イモのひょうめんや、切り口はどんなようすか、かん
き くち
さつしましょう。

タネイモをうえよう

切ったところは
き
どうなっている
かな?

タネイモは
何cmくらい?
なん

切り口を
き くち
下にむけて
した
うえるんじゃ

めは
どこから
出るのかな?
で

12

かんさつカードをかこう

気がついたことや気になったことを、どんどん
かきこもう。

かんさつのポイント

❶ じっくり見る
タネイモやはっぱの大きさ、色、形などをよく見よう。

❷ 体ぜんたいでかんじる
タネイモやはっぱは、つるつるしているかな、ざらざらかな？ さわったり、かおりをかいだりしてみよう。

❸ くらべる
きのうとくらべてどこがちがう？ 友だちのジャガイモともくらべてみよう。

かんさつカード

4 月 20 日 (月)	天気 くもり

だい タネイモをうえた

2 年 2 組	名前 山口ヨウタ

みんなではたけに行って、タネイモをうえました。小さなタネイモからジャガイモができるってふしぎだなあ。やさい名人が、くぼみからめが出るんだよと教えてくれました。ジャガイモがたくさんできたらうれしいです。

だい
見たことやしたことを、みじかくかこう。

絵
タネイモはどんな形、色をしているかなど、
「かんさつポイント」を参考にしながら絵をかこう。
気になったところを大きくかいてもいいね。

かんさつ文
その日にしたことや、かんさつしたことをつぎの順番
でかいてみよう。

はじめ	その日のようす、その日にしたこと
なか	かんさつして気づいたこと、わかったこと
おわり	思ったこと、気もち

この本のさいごに「かんさつカード」があります。
コピーしてつかおう。

13

タネイモのうえ方

はたけにうえる方法をしょうかいします。

1 タネイモを切って かわかす

ほうちょうをつかって、タネイモを半分に切ります。タネイモがくさらないように、切り口を1～2日かわかします。

※ほうちょうは、大人がいるときにつかおう

タネイモの切り方

タネイモには、めが出るくぼみがいくつかあります。切ったとき、くぼみの数が同じくらいになるようにします。

くぼみ

2 はたけにみぞをほる

スコップやくわ（はたけをたがやす道具）をつかって、はたけに10～15cmのふかさのみぞをほります。

みぞの中に
タネイモを
うめるんだね

※みぞは、大人にほってもらおう

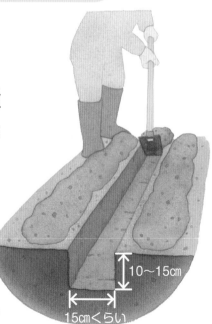

10～15cm

15cmくらい

3 みぞに タネイモをおく

切り口を下に向けて、タネイモをみぞにおきましょう。タネイモとタネイモの間は30cmはなします。

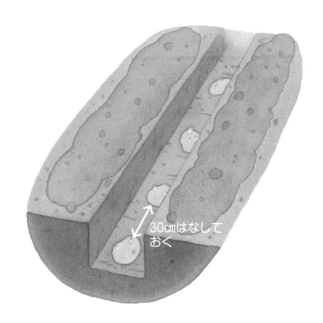

30cmはなしておく

4 タネイモに 土をかぶせる

タネイモをおいたら、それぞれのタネイモの上に土をかぶせて山をつくります。

タネイモの上に土をかぶせる

5 タネイモの間に ひりょうをまく

タネイモの山と山の間に、ひりょうをまきます。まきおわったら、みぞ全体に土を入れてたいらにします。

山の間にひりょうをまく

タネイモの山

タネイモの上にひりょうがかかると、くさってしまうことがあるので、気をつけよう

めが10〜20cmくらいのびたら、じょうぶなめを何本かのこして、そだちのわるいめはぬきます。

め・めがのびてきた

何cm
あるかな？

はっぱの
形を見てみよう

—— はっぱ

どんな
においかな？

めは
何本出ているかな？

16

めをかんさつしてみよう

タネイモをうえてから4週間くらいすると、めが出ます。
めがのびるようすを順番に見てみましょう。

● この時期のジャガイモ

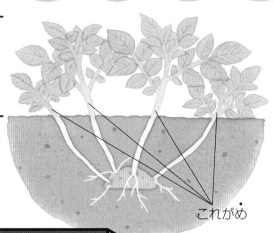

10〜20cmくらい

これがめ

かんさつカードをかこう ▶

🔍 かんさつカード ｜ 5月19日(火) ｜ 天気 はれ

だい **めが大きくなった**

2 年 2 組 ｜ 名前 山口ヨウタ

めがのびてきました。はっぱをさわるとザラザ
ラして、おもてがわに毛のようなものが生えて
いました。やさい名人に教わりながら、元気
なめをのこして、あとはぬきました。大きくてお
いしいジャガイモになりますように！

めがのびるようす

①めが出てきた

⬇

②ぐんぐんのびてきた

⬇

③くきがのびて、はっぱも大きくなった

めかきの仕方

そだちのわるいめをとることを「めかき」といいます。
めがたくさんあると、えいようがとられて大きくそだた
ないので、元気なめだけをのこします。

1 元気なめをのこして、ほかのめをぬく

じょうぶなめのもとを、かた方の手でおさえながら、
もうかた方の手で、めがのびている方向にゆっくりぬきます。

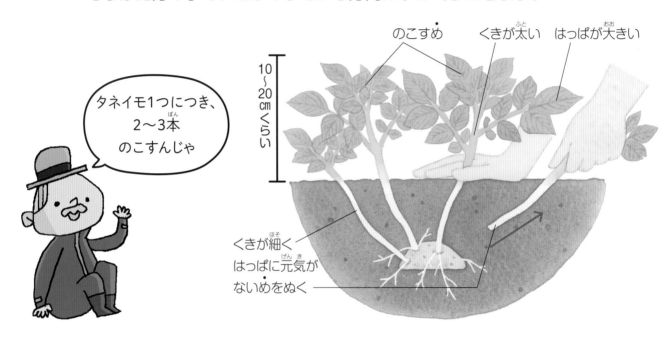

タネイモ1つにつき、
2〜3本
のこすんじゃ

のこすめ　　くきが太い　はっぱが大きい

10〜20cmくらい

くきが細く
はっぱに元気が
ないめをぬく

2 めの間に ひりょうをまく

めとめの間にひりょうをまき、土
とまぜます。

土よせの仕方

のこしためのまわりに土をあつめて、山のようにするのが「土よせ」です。あつめた土の中でイモがそだちます。

両がわの土を、めのところにあつめる

スコップやくわを使って、両がわの土をめのところにあつめて、山のようにもります。

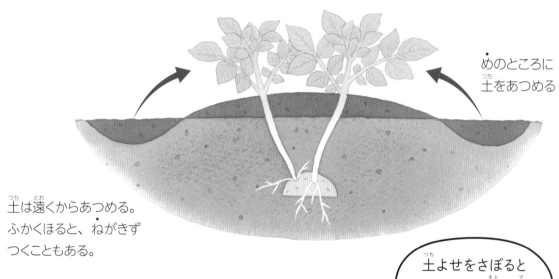

めのところに
土をあつめる

土は遠くからあつめる。
ふかくほると、ねがきず
つくこともある。

土よせをさぼると
できたイモが外に出て、
食べられなくなるぞ

土よせは2回行う

1回目の土よせのあと、さらにめがそだつとイモが大きくなったり数がふえたりして、土の外に出てきてしまいます。2週間くらいしたら、イモが土の外に出てこないようにもう1回土よせをおこないます。そのときには、ひりょうもまきます。

花がさくと、ジャガイモのしゅうかくまであと少しです。
どんな花がさいたのか、しっかりかんさつしましょう。

花がさいた！

花はいくつ
さくのかな？

おしべ

がく

めしべ

花びら

むらさき色の
花がさく種類も
あるよ

においを
かいでみよう

くき

20

花をかんさつしてみよう

つぼみができて1〜2週間くらいたつと花がさきます。
花のようすを順番に見てみましょう。

●この時期のジャガイモ

50〜60㎝くらい

――ここが花

毛がいっぱい
はえてるね

花のうつりかわり

がく

①がくがひらいた

⬇

花びら

②花びらがひらいてきた

⬇

③きれいにひらいた

かんさつカードをかこう

かんさつカード | 6月12日（金） | 天気 はれ

だい 白い花がさいた

2年 2組 | 名前 山口ヨウタ

はたけに行ったら、ジャガイモの花がさいてい
ました。白い花だけど、ねもとのほうはむらさ
き色です。花はあつまっていっぱいさいていま
した。あと少しでしゅうかくできるみたいなの
で、楽しみです。

しゅうかくの仕方

はっぱやくきが黄色くなったら、しゅうかくします。

1 くきを先に引きぬく

両手でくきをもって引きぬきます。このとき、イモは土の中にのこりますが、くきといっしょにぬけたイモがあれば、手で引きはなします。

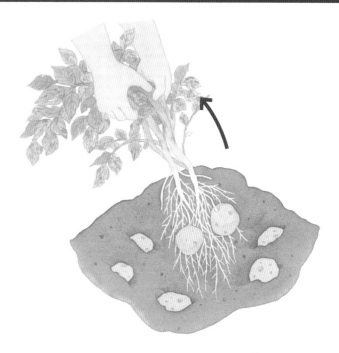

2 スコップで土の中のイモをほる

スコップをつかって、土の中にのこったイモをほりおこします。

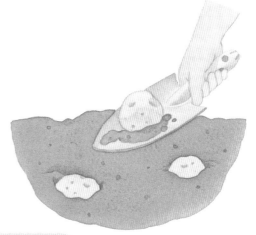

しゅうかくしたあとは?

しゅうかくしたあとのジャガイモに、日の光があたると、「ソラニン」という「どく」ができてしまいます。かならず、くらくて風通しのよいところにおきましょう。500円玉より小さいイモにはソラニンが多くふくまれているので、食べるとおなかをこわします。食べずにすてましょう。

サツマイモを そだてよう

サツマイモは、5〜6月になえをうえると、
10〜11月にしゅうかくできます。

スタート!
1日目

なえをうえよう

はたけになえをうえる
方法をしょうかいします。

1 はたけとなえの じゅんびをする

たがやした土を細長い形にととのえ
ます。なえは、うえる前に水を入れ
たバケツにねもとを入れ、なえがピン
とするまで水をすわせます。

※はたけのじゅんびは大人にやってもらおう

2 なえを ねかせてうえる

手やスコップで土を3〜4cm
ほり、なえのすべてのはっぱが
外に出るようにして、土をかぶ
せます。

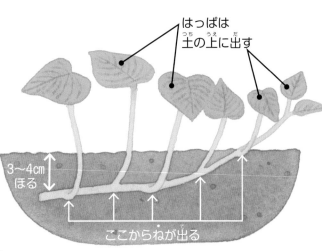

はっぱは
土の上に出す

3〜4cm
ほる

ここからねが出る

3 間をあけて つぎのなえをうえる

うえたなえから30〜40cm間をあけ、同じようにつぎのなえをうえます。

30〜40cm
あけてうえる

うえてから
2〜3か月
くらい

つるがえしをしよう

つるが1m以上のびたら、くきから出たねを切る「つるがえし」をします。

つるをもち上げて、ねを切る

つるをもって引っぱり、くきから出て土にのびたねを切ります。これを「つるがえし」といいます。

ねを切らずにおくと、ねの先にイモができて、えいようがとられてしまうんじゃ

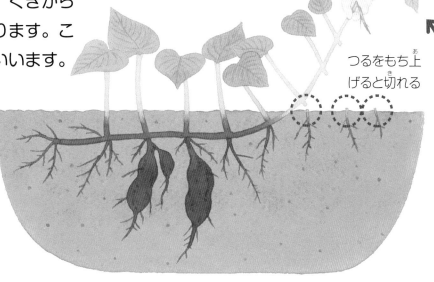

つるをもち上げると切れる

うえてから
4〜5か月
くらい

しゅうかくしよう

はっぱが黄色くなってきたら、
しゅうかくのタイミングです。

1 つるを切る

はさみをつかい、長くのびた
つるを、高さ10cmくらいに
なるように切りとります。

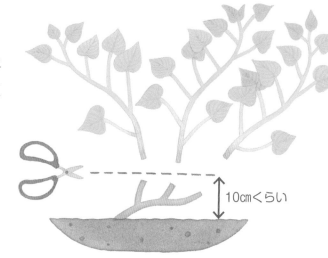

10cmくらい

2 イモのまわりをほり、つるを引きぬく

スコップをつかって、イモのま
わりの土をほります。つるをつ
かみ、イモがおれないように
ゆっくり引きぬきましょう。

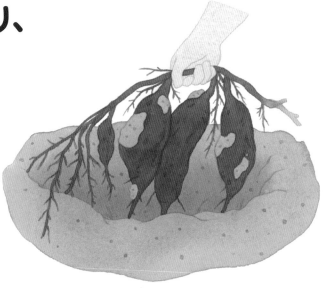

スコップでイモを
きずつけないように
気をつけよう

サツマイモをかんさつしてみよう

ぐんぐんそだつ、サツマイモのはっぱやつるを見てみよう。

かんさつのポイント

❶ はっぱはどんな形かな?

❷ はっぱのひょうめんをさわってみよう

❸ つるの長さをはかってみよう

❹ ねはどこから出ている?

かんさつカードをかこう

かんさつカード	7月21日（火）	天気 くもり

だい つるがえしをしたよ

2 年	2 組	名前 山口ヨウタ

つるがのびたので、長さをはかったら1m 20cm もありました。やさい名人に教わって、つるがえしをしました。つるはなえのときより太くて、さわるとツルツルしています。はっぱはハートみたいな形で、ザラザラしていました。

はっぱとつるのようす

地面をはうサツマイモのはっぱ

つるがえしをしたサツマイモのつる

つるのはっぱのつけねから、ねが出ている

つるからのびたねも見てみよう

すぐできる！
やさいパーティのレシピ

しゅうかくしたあとは、かんたんおやつにちょうせん！

いろんな
あじつけで
食べてみよう！

フライドポテト

できあがり
20分くらい

まわりはカリッ、中はホクホク。何本でも
食べられる人気のおやつです。

よういするもの

材料（2人分）
- ジャガイモ　1こ
- サラダあぶら　大さじ2

ソースの材料
- チョコレート　15グラム
- 牛乳　大さじ1
- ケチャップ、マヨネーズ
  それぞれ大さじ2分の1くらい
- しお、青のり
  それぞれ小さじ2分の1くらい

道具
- はかり
- 計りょうスプーン
  （大さじ、小さじ）
- まないた
- かわむき器
- ほうちょう
- ボウル（大、小）
  ※小は電子レンジでつかえるもの
- ざる

- バット
- キッチンペーパー
- スプーン
- フライパン
- さいばし

◎あげやきするときは、ガス
こんろをつかう
◎あたためるときは、電子レ
ンジ（600ワット）をつかう

28

つくり方

1 ジャガイモのかわをむく

ジャガイモはほうちょうでめをとって、かわむき器でかわをむく。

> かわむき器は
> まないたの上などの
> たいらなところで
> つかおう

2 ジャガイモを切る

1cmはばのぼうの形にほうちょうで切る。

大きいボウルに水を入れて、ジャガイモをつけておく。

> 切ったものから
> すぐ
> 水につけよう

ジャガイモをざるに上げて、水を切る。バットにキッチンペーパーをしいて、その上にならべる。10分くらいかわかす。

> あぶらがはねないように
> しっかり水を切ろう

3 3つのソースをつくる

チョコレートをほうちょうで細かくきざみ、小さいボウルに牛乳と合わせて入れる。電子レンジ(600ワット)で20びょうあたため、スプーンでまぜる。
ケチャップとマヨネーズ、しおと青のりを、それぞれうつわに入れて、まぜ合わせる。

4 あげやきする

フライパンにサラダあぶらを入れ、ジャガイモをならべたら、強めの中火にかける。白っぽくなってきたらうら返し、中火にする。

> シュワシュワと
> あわが出ていたら、
> ちょうどいい火かげん

うすいきつね色になったら、さいばしでとり出す。

> キッチンペーパーの
> 上で
> あぶらを切ろう

ジャガイモのあつかい方

下ごしらえ

水であらって土をおとしたら、ほうちょうのはもとをつかってめをとる。

切りかた

ぼうの形に切る
半分に切り、あつさ1cmの半円に切る。さらに1まいずつ1cmはばに切る。

ぼうの形に切る

ほぞん ジャガイモは、くらくて風通しのよいところでほぞんする。

※ほうちょうや火は、大人がいるときにつかおう

29

チョコで
いろいろな顔を
かいてみよう

できあがり
20分
くらい

スイートポテト

バターのかおりとサツマイモのやさしいあま
み。かんたんにできる本格スイーツです。

よういするもの

材料（2人分）

- □ サツマイモ　100グラム
- □ 牛乳　大さじ1
- □ バター　大さじ2分の1
- □ さとう　大さじ1
- □ たまごの黄身
　　小さじ2分の1
- □ 水　小さじ4分の1
- □ チョコレート　1〜2かけら

道具

- □ はかり
- □ 計りょうスプーン（大さじ、小さじ）
- □ まないた
- □ ほうちょう
- □ 小なべ
- □ たけぐし
- □ ざる
- □ ボウル（大、小）
　※小は電子レンジでつかえるもの

- □ マッシャー（またはポリぶくろ）
- □ アルミホイル
- □ スプーン　□ つまようじ

◎ゆでるときは、ガスこんろをつかう

◎やくときは、オーブントースター（1000ワット）をつかう

◎あたためるときは、電子レンジ（600ワット）をつかう

つくり方

1 サツマイモを切る

サツマイモは、1㎝はばの半円に切る。水を入れたボウルにサツマイモをつけておき、小なべに入れるときに水を切る。

かたいときは、ほうちょうに手をのせておそう

2 サツマイモをゆでる

小なべに、サツマイモがかぶるくらいの水を入れ、強火にかける。ふっとうしたら中火にする。ふたをして7分くらいゆでたら、ざるに上げて水を切る。

たけぐしがスッと通るまで、ゆでよう

3 かわをむいてつぶす

サツマイモを少しさまし、手でかわをむく。

あたたかいうちは、すぐにかわがむけるよ

サツマ・イモをボウルに入れて、マッシャー（イモを上からおしつぶす道具）でつぶす。牛乳、バター、さとうをくわえてまぜる。

マッシャーがなければ、ポリぶくろに入れて手でつぶそう

4 形をつくる

3のサツマイモを4等分にし、手で丸めて形をつくる。トースターの天板にアルミホイルをしき、その上にならべる。

たまごの黄身に水をくわえてまぜたものを、スプーンでサツマイモのひょうめんにぬる。

たまごの黄身のかわりにはちみつをぬってもいいよ

5 トースターでやく

4をオーブントースター（1000ワット）で、うすくこげめがつくまで6分くらいやく。

6 チョコレートでかざる

チョコレートを細かくきざみ、小さいボウルに入れて電子レンジ（600ワット）で20びょうあたためる。やわらかいうちにつまようじにつけて、5に顔をかく。

※ほうちょうや火は、大人がいるときにつかおう

ちょうせんしよう！
ジャガイモ サツマイモ クイズ

クイズでうでだめしをしてみましょう。こたえはこの本の中にあるよ。

もんだい 1

タネイモをうえるとき、下にするのはどっちかな？

A かわ

 **B** 切り口

ヒント かわのほうから・めが出ているよ。

こたえ ➡ 12ページを見よう

もんだい 2

ジャガイモの花はどっちかな？

A　**B**

ヒント ジャガイモの花は、めしべとおしべがとび出しているよ。

こたえ ➡ 20ページを見よう

もんだい 3

サツマイモのはっぱは どっちかな?

 サツマイモのはっぱは、ハートの形ににているよ。

 → 27ページを見よう

もんだい 4

サツマイモのつるがえしの タイミングはどっちかな?

Ⓐ 1m のびたら
Ⓑ 5m のびたら

○m?

 つるが長くなりすぎる 前に、するんだよ。

 → 25ページを見よう

ジャガイモってどんなやさい？

ジャガイモはどこで生まれたの？ 何種類あるの？
みんなのぎもんをやさい名人に聞いてみよう。

ジャガイモはどこで生まれたの？

南アメリカで生まれたよ

ジャガイモは、南アメリカのアンデス地方で生まれました。アンデス地方は山が多く、食べるものがあまりとれなかったので、ジャガイモは大切な食べものでした。のちに、ヨーロッパにつたわり、インドネシアを通って日本にやってきました。

なんで「ジャガイモ」って名前なの？

「ジャガタライモ」からジャガイモになったんじゃ

ジャガイモは、江戸時代にインドネシアのジャカルタから日本にやってきました。そのころジャカルタは「ジャガタラ」とよばれていたため、ジャガイモは「ジャガタライモ」とよばれ、いつしか「ジャガイモ」になったといわれています。

ジャガイモは何種類あるの?

数えきれないくらいあるんじゃ

ジャガイモは、世界でもたくさんの地いきでつくられていて、その数は2000種類以上ともいわれています。日本だけでも100種類ほどあり、その多くが北海道でつくられています。

ダンシャクイモ (男爵いも)
ほくほくしたジャガイモで、いためものやあげものに向いています。

メークイン
細長くてねっとりしたジャガイモ。にものやサラダに向いています。

キタアカリ
サツマイモのようなにおいがします。サラダやむしものに向いています。

キタムラサキ
むらさき色のジャガイモ。いためものやあげものに向いています。

レッドムーン
かわが赤いジャガイモ。中は黄色で、サラダやあげものに向いています。

インカのめざめ
中はこい黄色で、あまみがあります。にものに向いています。

サツマイモってどんなやさい?

食べるとおならが出るのはなぜ?

どこで生まれたの?

中央アメリカじゃ

サツマイモは、中央アメリカのメキシコやグアテマラなどの地いきで生まれたといわれています。とても古い時代から、食べものとしてそだてられていました。

いつ日本にきたの?

江戸時代じゃ

サツマイモは江戸時代のはじめに、鹿児島県にやってきました。そのころの鹿児島県は「さつま」とよばれていたため、サツマイモとよばれるようになりました。

おなかにガスがたまるからじゃ

サツマイモに多い食物せんい (食べものにふくまれ、体内で消化できない) が、おなかの中を通るときに、ガスがたくさんできます。そのガスが、おならとなって出てくるのです。

もっと教えて
やさい名人

はたけがなくてもそだてられる
ふくろさいばいに
チャレンジ!

さいしょに

よういするもの

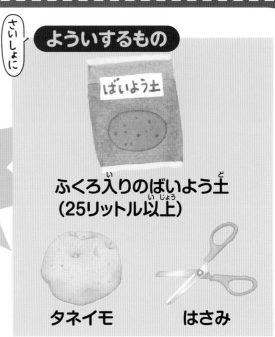

ふくろ入りのばいよう土
（25リットル以上）

タネイモ　　　はさみ

大きくてじょうぶなふくろをつかって、ジャガイモをそだててみましょう。ここでは、売っている土をふくろのままつかう方法をしょうかいします。ふくろは25リットル以上入る大きさのものをよういします。

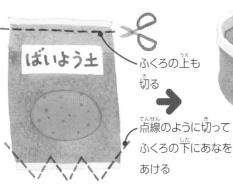

ばいよう土

ふくろの上も
切る

点線のように切って
ふくろの下にあなを
あける

ふくろの上を
2〜3回おりまげる

タネイモを半分に切り、
切り口を下にしてうえる

10cm
ほる

1 水が下からながれ出るように、土のふくろにはさみであなをあける。

2 土を半分とり出す。とり出した分はバケツなどに入れておく。

3 土を10cmくらいほってタネイモをうえ、たっぷり水をやる。

4週間くらいで
めが出るので、
「めかき」をする
➡18ページを見よう

4 めが出たら2〜3本のこして「めかき」をし、とっておいた土を入れる。

このあとは、
ふつうのそだて方
といっしょだよ

はたけ
とちがう
ところ

はたけとちがって土がすぐかわくので、しっかり水をやります。

土のひょうめんが
かわいたら、
たっぷり水をやる

こんなとき、どうするの？

そだてているジャガイモやサツマイモのようすがおかしいと思ったら、ここを見てね。すぐに手当てをしましょう。

こまった！ 1

ジャガイモ 土の外にめが出てこない！

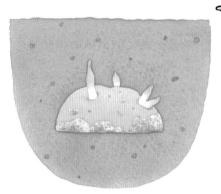

タネイモにカビがはえたのかも。

うえる前にタネイモが水にぬれたり、土の中の水分が多くなったりすると、タネイモにカビがはえてしまうことがあります。タネイモをしっかりかわかしてから、うえましょう。

こまった！ 2

ジャガイモ はっぱが黒くなってきた！

「えきびょう」なのでかぶごとぬきます。

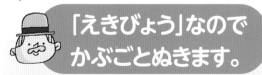

「えきびょう」という病気にかかると、はっぱが黒くなったりちぢこまったりします。よくうつる病気なので、病気になったかぶは土からぬいてすて、ほかのかぶにうつらないようにしましょう。

こまった！3 はっぱがすけて見えるのはどうして？

ニジュウヤホシテントウが食べたのかもしれません。

ジャガイモのはっぱには、ニジュウヤホシテントウという、ジャガイモのはっぱがすきな虫がよくつきます。この虫が食べたあとは、はっぱがすけたように見えます。よくかんさつして、虫を見つけたらすぐにとりのぞきましょう。

こまった！4  ジャガイモがみどり色になった！

どくが多いので、食べてはいけません。

ジャガイモが日光にあたると、「ソラニン」という「どく」がふえてみどり色になってしまいます。一度、みどり色になったジャガイモは、土の中にもどしてももとにもどらないので、ほり出してすてましょう。

こまった！5 イモにかさぶたができた!?

「そうかびょう」なので食べてはいけません！

かさぶたのようなもようができたジャガイモは、「そうかびょう」という病気にかかっています。しゅうかくしても、食べずにすてましょう。

こまった！ 6 サツマイモ つるやはっぱが たくさんふえた！

ひりょうが多すぎます。

サツマイモはひりょうが多いと、つるやはっぱにえいようがいきすぎて、イモがそだたなくなってしまいます。ひりょうをやるのをやめましょう。はたけのじゅんびのときにまくひりょうだけで、じゅうぶんそだちます。

オンブバッタ

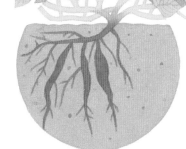

こまった！ 7 サツマイモ はっぱに あながあいた！？

虫が食べたあとです。

オンブバッタやヨトウムシ、スズメガは、サツマイモのはっぱを食べてしまいます。はっぱを食べられると、サツマイモのそだちがわるくなるので、虫を見つけたらとりのぞきましょう。

こまった！ 8 サツマイモ イモが 黒くなっている！

「こくはんびょう」ですね。

黒くなったサツマイモは、「こくはんびょう」という病気にかかっています。病気になったサツマイモは食べられないので、しゅうかくしても、食べずにすてましょう。

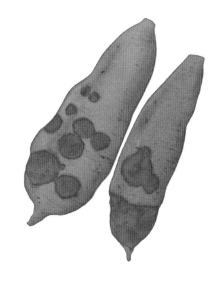

●監修
塚越 覚（つかごし・さとる）
千葉大学環境健康フィールド科学センター准教授

●栽培協力
加藤正明（かとう・まさあき）
東京都練馬区農業体験農園「百匁の里」園主

●料理
中村美穂（なかむら・みほ）
管理栄養士、フードコーディネーター

●デザイン　山口秀昭（Studio Flavor）
●キャラクターイラスト・まんが・挿絵　イクタケマコト
●植物・栽培イラスト　山村ヒデト
●栽培写真　渡辺七奈
●表紙・料理写真　宗田育子
●料理スタイリング　二野宮友紀子
●DTP　有限会社ゼスト
●編集　株式会社スリーシーズン
　　　　（奈田和子、土屋まり子、大友美雪）

◆写真協力
ピクスタ、フォトライブラリー、
iStock

毎日かんさつ! ぐんぐんそだつ はじめてのやさいづくり
❼ ジャガイモ・サツマイモをそだてよう

発行　2020年4月　第1刷

監修　塚越 覚
発行者　千葉 均
編集　柾屋洋子
発行所　株式会社ポプラ社
　　　　〒102-8519　東京都千代田区麹町4-2-6
　　　　電話　03-5877-8109（営業）03-5877-8113（編集）
　　　　ホームページ　www.poplar.co.jp
印刷・製本　今井印刷株式会社

ＩＳＢＮ　978-4-591-16510-2
N.D.C.626　39p 27cm
Printed in Japan
P7216007

ポプラ社はチャイルドラインを応援しています

18さいまでの子どもがかけるでんわ
チャイルドライン。
0120-99-7777
毎日午後4時〜午後9時 ※12/29〜1/3はお休み

電話代はかかりません
携帯（スマホ）OK

18さいまでの子どもがかける子ども専用電話です。
困っているとき、悩んでいるとき、うれしいとき、
なんとなく誰かと話したいとき、かけてみてください。
お説教はしません。ちょっと言いにくいことでも
名前は言わなくてもいいので、安心して話してください。
あなたの気持ちを大切に、どんなことでもいっしょに考えます。

チャット相談は
こちらから

毎日 かんさつっ！ ぐんぐんそだつ

はじめての やさいづくり

全8巻

監修：塚越 覚（千葉大学環境健康フィールド科学センター准教授）

小学校低学年～高学年向き

N.D.C.626（5巻のみ616）　各39ページ　A4変型判　オールカラー
図書館用特別堅牢製本図書

おしえて！
かんさつカードのかき方

気がついたことや気になったことをカードに記録しましょう。

❶ **じっくり見る** タネイモやはっぱの大きさ、色、形などをよく見よう。

❷ **体ぜんたいでかんじる** さわったり、かおりをかいだりしてみよう。

❸ **くらべる** きのうのようすや、友だちのジャガイモともくらべてみよう。

🖊 右ページの「かんさつカード」をコピーしてつかおう。

天気

マークでかいたり、気温をかいたりするのもいいね。

だい

見たことやしたことを、みじかくかこう。

かんさつカード　4月20日(月)　天気 くもり

だい タネイモをうえた

2年 2組　名前 山口ヨウタ

みんなではたけに行って、タネイモをうえました。小さなタネイモからジャガイモができるってふしぎだなあ。やさい名人が、くぼみからめが出るんだよと教えてくれました。ジャガイモがたくさんできたらうれしいです。

かんさつカードで記録しておけば、どんなふうに大きくなったかよくわかるワン！

かんさつカード　5月19日(火)　天気 はれ

だい めが大きくなった

2年 2組　名前 山口ヨウタ

めがのびてきました。はっぱをさわるとザラザラして、おもてがわに毛のようなものが生えていました。やさい名人に教わりながら、元気なめをのこして、あとはぬきました。大きくておいしいジャガイモになりますように！

絵

はっぱ・花・イモの形や色はどんなかな？よく見て絵をかこう。気になったところを大きくかいてもいいね。

かんさつカード　6月12日(金)　天気 はれ

だい 白い花がさいた

2年 2組　名前 山口ヨウタ

はたけに行ったら、ジャガイモの花がさいていました。白い花だけど、ねもとのほうはむらさき色です。花はあつまっていっぱいさいていました。あと少しでしゅうかくできるみたいなので、楽しみです。

かんさつ文

その日にしたことや、気がついたことをつぎの順番でかいてみよう。

はじめ	その日のようす、その日にしたこと
なか	かんさつして気づいたこと、わかったこと
おわり	思ったこと、気もち